U0289353

优秀技术工人
百工百法丛书

杨义兴
工作法

油田修井现场
清洁生产
技术应用

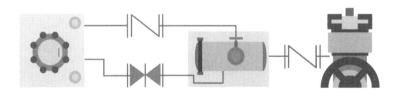

中华全国总工会 组织编写

杨义兴 著

中国工人出版社

技术工人队伍是支撑中国制造、中国创造的重要力量。我国工人阶级和广大劳动群众要大力弘扬劳模精神、劳动精神、工匠精神，适应当今世界科技革命和产业变革的需要，勤学苦练、深入钻研，勇于创新、敢为人先，不断提高技术技能水平，为推动高质量发展、实施制造强国战略、全面建设社会主义现代化国家贡献智慧和力量。

——习近平致首届大国工匠
创新交流大会的贺信

优秀技术工人百工百法丛书
编委会

优秀技术工人百工百法丛书
能源化学地质卷
编委会

序

党的二十大擘画了全面建设社会主义现代化国家、全面推进中华民族伟大复兴的宏伟蓝图。要把宏伟蓝图变成美好现实，根本上要靠包括工人阶级在内的全体人民的劳动、创造、奉献，高质量发展更离不开一支高素质的技术工人队伍。

党中央高度重视弘扬工匠精神和培养大国工匠。习近平总书记专门致信祝贺首届大国工匠创新交流大会，特别强调"技术工人队伍是支撑中国制造、中国创造的重要力量"，要求工人阶级和广大劳动群众要"适应当今世界科技革命和产业变革的需要，勤学苦练、深入钻研，勇于创新、敢为人先，不断提高技术技能水平"。这些亲切关怀和殷殷厚望，激励鼓舞着亿万职工群众弘扬劳模精神、劳动精神、工匠精神，奋进新征程、建功新时代。

近年来，全国各级工会认真学习贯彻习近平总书记关于工人阶级和工会工作的重要论述，特别是关于产业工人队伍建设改革的重要指示和致首届大国工匠创新交流大会贺信的精神，进一步加大工匠技能人才的培养选树力度，叫响做实大国工匠品牌，不断提高广大职工的技术技能水平。以大国工匠为代表的一大批杰出技术工人，聚焦重大战略、重大工程、重大项目、重点产业，通过生产实践和技术创新活动，总结出先进的技能技法，产生了巨大的经济效益和社会效益。

深化群众性技术创新活动，开展先进操作

法总结、命名和推广，是《新时期产业工人队伍建设改革方案》的主要举措。为落实全国总工会党组书记处的指示和要求，中国工人出版社和各全国产业工会、地方工会合作，精心推出"优秀技术工人百工百法丛书"，在全国范围内总结 100 种以工匠命名的解决生产一线现场问题的先进工作法，同时运用现代信息技术手段，同步生产视频课程、线上题库、工匠专区、元宇宙工匠创新工作室等数字知识产品。这是尊重技术工人首创精神的重要体现，是工会提高职工技能素质和创新能力的有力做法，必将带动各级工会先进操作法总结、命名和推广工作形成热潮。

此次入选"优秀技术工人百工百法丛书"作者群体的工匠人才，都是全国各行各业的杰出技术工人代表。他们总结自己的技能、技法和创新方法，著书立说、宣传推广，能让更多人看到技术工人创造的经济社会价值，带动更多产业工人积极提高自身技术技能水平，更好地助力高质量发展。中小微企业对工匠人才的孵化培育能力要弱于大型企业，对技术技能的渴求更为迫切。优秀技术工人工作法的出版，以及相关数字衍生知识服务产品的推广，将对中小微企业的技术进步与快速发展起到推动作用。

当前，产业转型正日趋加快，广大职工对于技术技能水平提升的需求日益迫切。为职工群众创造更多学习最新技术技能的机会和条件，传播普及高效解决生产一线现场问题的工法、技法和创新方法，充分发挥工匠人才的"传帮带"作用，工会组织责无旁贷。希望各地工会能够总结命名推广更多大国工匠和优秀技术工人的先进工作法，培养更多适应经济结构优化和产业转型升级需求的高技能人才，为加快建设一支知识型、技术型、创新型劳动者大军发挥重要作用。

中华全国总工会兼职副主席、大国工匠

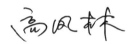

作者简介
About The
Author

杨义兴

1976 年出生，中国石油集团公司井下作业技能专家，现任长庆油田油气工艺研究院首席技师。

曾获"全国五一劳动奖章""全国技术能手"、全国能源化学地质系统"身边的大国工匠"、"第四届全国创新创业优秀个人"、甘肃省"十大杰出青年"、"十大工人发明家""甘肃省五一劳动奖章""陕西省职工创新创业优秀人物"、陕西省"技术能手"等 20 多项荣誉和称号。

杨义兴研制的"加长隔腔式局部反循环打捞筒"等工具先后获得国家发明专利 21 项、新型实用专利 62 项；他编制石油行业标准 11 项，其研发的"修井现场废液回收装置""修井现场自动化消防系统"属国内同行业首创；他先后在国家级期刊发表论文 19 篇。杨义兴工作室被授予"全国示范性劳模和工匠人才创新工作室"、甘肃省"工人先锋号"、甘肃省"技能创新型班组"、甘肃省"技能大师工作室"等称号。

挥洒辛勤汗水
挖掘石油宝藏

杨文兴

目　录
Contents

引　言　　　　　　　　　　　　　　　　　　　01

第一讲　油田修井现场清洁生产概述　　　　　　05
　　　一、技术背景　　　　　　　　　　　　　07
　　　二、研究内容　　　　　　　　　　　　　08
　　　三、技术方案　　　　　　　　　　　　　09

第二讲　修井现场作业井口地面污染防控技术　　13
　　　一、问题描述　　　　　　　　　　　　　15
　　　二、解决措施　　　　　　　　　　　　　16
　　　三、实施效果　　　　　　　　　　　　　18

第三讲　修井现场油管桥、油杆桥地面污染
　　　　防控技术　　　　　　　　　　　　　19
　　　一、问题描述　　　　　　　　　　　　　21

二、解决措施   22

三、实施效果   26

第四讲 修井现场移动式环保平台清洁技术 29

一、问题描述   31

二、解决措施   32

三、实施效果   54

第五讲 修井现场井下返排废液回收处理

再利用技术   57

一、问题描述   59

二、解决措施   60

三、实施效果   68

第六讲 修井现场井下管杆井筒密闭清洗技术 71

一、问题描述   73

二、解决措施   73

三、实施效果   96

后 记   97

引　言
Introduction

　　长庆油田地处黄河流域中段，生产区以黄土塬地貌为主，生态环境较为脆弱，自然保护区及水源保护区等环境敏感区域众多。长庆油田现有油水井 9.23 万口，每年井下作业工作量近 6.5 万井次，作业过程中产生的油泥、返出液和废旧防渗布等造成一定的环保隐患。2014 年修订的《环境保护法》和 2021 年修订的《安全生产法》实施后，中石油集团公司制定了绿色矿山建设的发展战略，长庆油田把绿色矿山建设摆在更加突出的位置，针对油泥、返出液和废旧防渗布处理难度大、拉运集中处理费用高的问题，以"清洁化、减量化"为目标，本着"井液不出井、出井不落地"的原则，结合长庆油田井场条件和低压油井工况特点，开展了油田井下作业清洁化技术攻关试验，研制了清洁作业配套关键设备与装置，开发了修井现场井口地面污染防控、油管桥和油杆桥地面污染防控、移动式环保平台、返排废液回收处理再利用和井下管杆井筒密闭清洗五项特色技术。2020—2023 年这些技术取得的成果在长庆陇东区域累计应用 6.9 万井次，累计减少防渗布使用量 0.63 万 t，减少油泥产出量 1.85 万 t，减少废液产出量 1.99 万 m^3，节约成本 1.3 亿元，有效地提高了油田井下清洁作业的技术水平，对我国油井井下作业"科学、绿色、文明"发展起到推动作用。

　　本书主要阐述了油田修井现场清洁生产技术的相关内容，以现场疑难问题为导向，介绍了井口集液操作台、油管钢制平台、移动式环保平台清洗装置、废液负压回收处理装置、密闭清洗回收设备等新型清洁生产设备设施，文中所述问题及解决措施，供大家参考。

第一讲

油田修井现场清洁生产概述

一、技术背景

近年来，国家对环境保护高度重视。根据《安全生产法》和《环境保护法》的要求，环境污染的性质已由"违规"上升到"违法"。特别是党的十九大以来，国家将环境治理提升到新的高度，明确提出加快生态文明建设。建设美丽中国，必须树立和践行"绿水青山就是金山银山"理念，因此油田生产企业在清洁文明生产方面要有更高的要求。

长庆油田所辖油区以黄土塬地貌为主，生态环境脆弱，植被被污染后难以恢复，管辖范围内自然保护区、水源保护区多达40余处，环保形势严峻。随着长庆油田进入稳产期，每年环保控制措施和维护性作业量高达近6.7万井次，单井平均产生油泥量约0.3t，油泥和废液处理难度大、费用高。虽然油田针对采油井修井作业过程中的部分关键环节采取了一些环保控制措施，并且见到了一定的效果，但清洁作业技术总体上还不完善，一旦处理不当，就会影响周边生态环境和施工作业，无法满足《安全生产法》和《环境保护法》有关清洁文明生产和 HSE 管理体系（健康、安全和环境三位一体的管理体系）的要求。因此，在油田生产管理过程中，做好井下作业特别是修井过程中的清洁作业，总结新方法，研制新工具，开展配套技术攻关研究与试验，推行清洁作业技术，为油田绿色发展提供技术保障，对提高油田开发管理水平、改善油区生态环境，促进油田可持续发展具有重要意义。

二、研究内容

（1）修井现场作业井口地面污染防控技术。包括地面集液预防控制环保清洁作业模式研究、井口集液防控工艺及配套技术。

（2）修井现场油管桥、油杆桥地面污染防控技术。包括聚氯乙烯彩条布、HDPE 土工膜替代品研发，地面软体环保作业平台、钢制环保平台及配套技术。

（3）修井现场移动式环保平台清洁技术。包括撬装移动式软体环保平台和油管钢制平台清洁设备研制。

（4）修井现场井下返排废液回收处理再利用技术。包括措施废液回收处理工艺研究、措施废液回收处理装置研究。

（5）修井现场井下管杆井筒密闭清洗技术。包括低压储层井筒密闭清洗工艺设计与优化、多功能井筒密闭清洗装置研制与优化、井筒密闭清洗专用井口及配套泄油器研发、井筒密闭清洗施工参数优化。

三、技术方案

"十三五"以来，长庆油田加大了井下作业

清洁生产工艺技术应用的研究力度，引进了小修作业密闭清洁作业技术和环保平台技术，同时完善单项地面配套技术，这些对综合防治落地油和控制作业污油、污水排放等起到了一定的作用。

结合前期清洁作业工艺存在的不足之处，扩大清洁作业技术覆盖率，重点开展地面集液、返排液井场处理、杆管密闭清洗三方面研究，结合鄂尔多斯盆地低压储层、黄土塬地貌的生产实际情况，制定相应的技术对策，最终形成了适用的清洁作业技术模式，总体研究思路如图1所示。

在井下作业起油管杆和井场刺洗油管杆的过程中会产生大量油泥、废液。在2017年以前，主要在井口、油管桥、油杆桥等重点部位采取相应的防护性措施，如采用防渗布＋铁三角围堰、配备移动式收污车等，在一定程度上可以缓解作业过程中油泥和油污回收处理的环保压力，但污染防控得并不彻底，如防渗布易损坏、回收降解

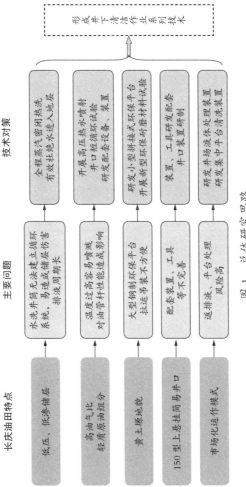

长庆油田特点　主要问题　技术对策

长庆油田特点：
低压、低渗储层
高油气比轻质原油组分
黄土塬地貌
150 型以上悬挂简易井口
市场化运作模式

主要问题：
水洗井筒无法建立循环系统，易造成储层伤害，排液周期长
温度过高容易喷溅，对油管杆性能造成影响
大型钢制环保平台拉运吊装不方便
配套装置、工具等不完善
返排液、平台处理风险偏高

技术对策：
全程蒸汽密闭洗井有效杜绝水进入地层
开展高压热水喷射井口短循环试验研发配套设备、装置
研发小型拼接式环保平台开展新型环保防磨材料试验
装置、工具研发配套井口装置研制
研发井场液体处理装置研发集中平台清洗装置

形成井下清洁作业系列技术

图 1　总体研究思路

难、收污车废液处理难，达不到排放、回注标准，存在潜在的环保风险。井下作业油污产生的原因分析如图 2 所示。

图 2　井下作业油污产生的原因分析

第二讲

修井现场作业井口地面污染防控技术

一、问题描述

传统的井口操作台顶部为钢板，钢板上部遇油水等返出液后，极易打滑，操作人员站在上部易滑倒摔伤；井口及油管内流出的液体流至井口周围，易造成环境污染，人工清理难度大，并且油气在井口聚集，安全风险较高。

通过研究设计，研制出第一代井口操作台（见图3），但受井场井口高度和部分地面管线影

图3　第一代井口操作台

响，井口集液操作台存在安装操作不方便、标准不统一、现场推广应用不适应的问题，未能在油田有效推广。第二代箱式集液操作台如图4所示。

图 4　第二代箱式集液操作台

二、解决措施

针对井口集液操作台现场安装不方便的问题，研发出第三代液压升降式井口集液操作台（见图5），进行了三个方面的改进：一是增加液压升降机构，满足不同高度采油井口作业要求；二是采用软体集液槽，拆卸安装方便，避免井场及井口条件限制；三是采用两块铝合金防滑踏

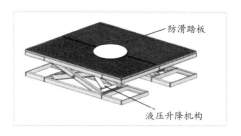

（a）液压升降机构和防滑踏板

（b）软体集液槽

图5　第三代液压升降式井口集液操作台

板，满足承重要求，且踏板重量轻。

液压升降式井口集液操作台具有拼接安装方便、高度0.2~0.4m液压调节、铝合金防滑踏板重量轻等特点，方便施工人员作业，实现了井口区域出井液收集不落地。这种新型井口集液操作台属性参数见表 1。

表 1　液压升降式井口集液操作台属性参数

结构组成	材料	技术参数
液压升降机构	钢材	0.2~0.4m 可调
软体集液槽	聚氨酯	2.4m×2.0m
防滑踏板	全铝合金	2 块 1.7m×1.7m

三、实施效果

改进后的液压升降式井口集液操作台采用加强防滑踏板，即使上面有油水，操作人员站在上面也不会脚底打滑。井筒流出的油水通过铁丝网孔，流进操作台下部的软体集液槽，防止油水外溅、外流。收集的油水通过盒体下部的导流孔自动流出，定向回收，实现井口清洁生产。该装置平均每年应用 2000 余井次，平均单井回收污油污水 $8m^3$，避免了环境污染，保障了井口人员的施工安全，取得了良好的社会效益。

第三讲

修井现场油管桥、油杆桥地面污染防控技术

一、问题描述

井下作业现场油管、油杆采用普通桥墩模式进行摆放，在地面铺设土工膜和蓝银布防止污染（见图6），但遇到特殊情况及雨季，地基松软，容易坍塌。在炎热天气及极寒天气的情况下，土工膜和蓝银布易风化，起不到防渗作用，会形成固废等，易造成二次污染。另外，落地污水只能采用人工方式进行回收，工作效率低。

图 6　蓝银布地面防渗

二、解决措施

1. 研制复合防渗软体集液平台

按照重复利用、便于铺设的思路，选用聚氨酯涂层高分子材料，实现了作业平台轻量化，单片总重 80kg，可回收循环利用，不产生二次污染；室内测试抗拉伸及抗热老化等性能良好，预测可重复利用 100 井次。

高分子软体平台主体采用两块高分子防渗材料（11.0m×6.5m），四周采用快插式支架拼接围堰（见图 7），并通过销钉固定，中间接缝处利用扣板连接，形成两个防渗集液池（见图 8），具有重量轻、快速铺设和可多次重复使用等优点。

将简易工字钢围堰改为可快速拼接的铝合金支架，快插式支架采用铝合金材料，由直角支架（4 个）、三通支架（2 个）、边支架（25 个）和连接杆（30 根）组装而成，连接扣板铝合金凹型槽，主要性能参数如表 2、表 3 所示。

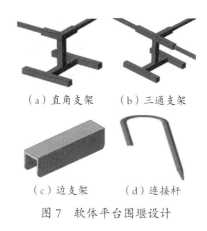

（a）直角支架　　（b）三通支架

（c）边支架　　（d）连接杆

图7　软体平台围堰设计

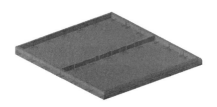

图8　拼装式软体环保平台结构示意

表2　软体平台主要性能参数

名称		规格及性能参数	数量	备注
防渗材料	尺寸	长11.0m×宽6.5m，厚度0.7~0.8mm	2块	三面含固定环，共23个

续　表

名称		规格及性能参数	数量	备注
快插式支架	直角支架	方钢材料，高度 0.15m	4 个	
	三通支架	方钢材料，高度 0.15m	2 个	
	边支架	方钢材料，高度 0.15m	25 个	
	连接杆	DN20mm × 长 2.0m 方钢管	30 根	
扣板		铝合金凹形槽，长 1.5m × 高 0.15m	6 个	
固定销钉		长边 0.15m，短边 0.07m 的 U 形螺纹钢销钉	23~46 个	根据实际情况使用
总尺寸		长 11.0 m × 宽 12.0m × 高 0.15m		高为围堰高度
总重量		130~160kg		

表 3　复合防渗材料性能参数

适应温度 / ℃	厚度 / mm	面密度 / (g/m²)	抗拉强度 / (N/cm)	抗撕裂强度 / N	油渗透率	备注
30~80	0.6~1.0	600~900	380	100	3MPa，不渗漏	

2. 研制油管钢制平台

主要由接油盘（由 6 个 2m × 10m × 0.1m 小接

油盘组成）、油管支架、轻轨、移动小车、排污接口、排污管、吊耳和包装运输箱组成（其中 3 个接油盘带工字钢，1 个接油盘带轻轨）。

使用时，将 6 个接油盘拼装成 12m×10m 的油槽，各接油盘连接排污管；1 根工字钢放置 4 个支撑座，各支撑座间距为 3m，工字钢间距为 4m，3 根工字钢和 12 个支撑座组成一套油管桥墩（见图 9）；在轻轨上放置移动小车，阻挡刺洗油管时喷出的蒸汽，并收集固废。通过连接

图 9　油管钢制平台油管桥墩

的排污管，启动吸污泵将收集的废液回收至废液回收装置。油管钢制平台使用时的状态如图 10 所示。

图 10   油管钢制平台使用时的状态

三、实施效果

早期 HDPE 土工膜使用寿命短，1 套土工膜使用 3~5 井次，发生破损则无法修复，产生固废垃圾 100kg/ 套，回收困难。而 1 套高分子软体平台平均使用 100 井次，可修复、可清洗，大幅减少固废垃圾。

　　油管钢制平台在长庆油田平均每口井减少土工膜和蓝银布使用量各 144m^2，油管钢制平台非低值易耗品，可长期使用，大幅减少固废。

第四讲

修井现场移动式环保平台清洁技术

一、问题描述

油管桥、油杆桥地面污染防控技术存在两方面的问题：一是软体环保平台多次使用后难清洗（见图 11）；二是软体环保平台上出井液难收集（见图 12）。

图 11　多次使用后的软体环保平台

图 12　环保平台出井液收集困难

二、解决措施

研制移动式环保平台清洗装置（见图13），主要由水箱、过滤器、热清洗机、吸油机、污水罐、油水分离器、盘管器与清扫枪、空压机和操作控制面板等组成。清洗装置具体分为清洗单元、吸污单元、油水分离单元、气路单元以及操作控制系统（见图14），具备清洗、回收、油水分离等功能。

这种清洗装置的技术原理是，水箱内的水通过过滤器过滤后，提供给高压热力清洗机进行工作，产生高温高压流体介质，然后用清洗枪对环保平台进行清洗。清洗后的废液通过吸污单元被收集至污水罐，固废通过积尘筒将颗粒物与油渍废液分开。当污水罐中的污水达到一定液面后，启动油水分离器，将污水箱内污水吸至油水分离器进行分离过滤，过滤完成后的清水通过管线进入清水箱重复使用，处理后的油污集中装袋收集。

图 13 移动式环保平台清洗装置示意

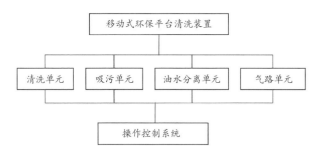

图 14 移动式环保平台清洗装置组成单元

这种清洗装置的布局特点是，移动式环保平台清洗装置的前端为吸污单元（吸油机），中间两侧分别为清洗卷盘和吸油卷盘，清洗单元（热清洗机）位于清洗卷盘的右侧，空压机位于吸油卷盘的右侧，末端放置油水分离处理单元（油水分离器）。污水箱安置在箱体左侧和顶部左侧，为 L 形结构。各个部件固定牢靠，在运输过程中不会产生相对位移。整套设备（见图 15）使用防爆电路，安全可靠。

1.清洗单元

清洗单元主要由水箱、热清洗机、过滤器和管线等组成。

（1）水箱

油田野外作业环境需要自带水源，因此在装置中设计了水箱（见图 16）。为节约装置布局空间，水箱为壳式设计，分布于装置壳体侧面和顶部，左侧为污水箱，右侧为清水箱，整体采用金

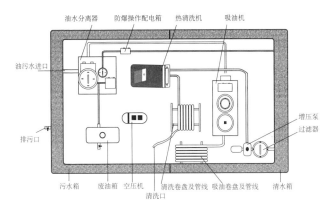

（a）移动式环保平台清洗装置俯视视角

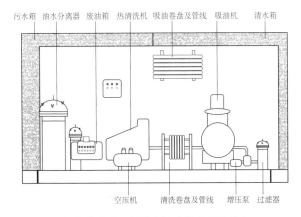

（b）移动式环保平台清洗装置正视视角

图 15　移动式环保平台清洗装置结构

属框架，选用优质型材焊接而成。箱体外表面蒙皮采用 2mm 瓦棱钢板，并进行防腐防锈处理。水箱顶部设置呼吸阀，污水箱顶部安装有阻火阀，污水箱与清水箱均设有排污阀，清水箱出水口处安装专用外接阀，与清水过滤器连接。水箱容积约为 $1.5m^3$，可满足 1.5h 连续工作用水需求。水箱还装有高 / 低液位计，用来检测水箱中液位高 / 低状态。

图 16　水箱实物

（2）热清洗机

热清洗机（见图 17）的加热部分采用耐腐双层不锈钢盘管。锅炉水管采用管径较大的双层盘管，所以受热面积大、热效率高。同时采用自上而下火焰加热的方式，可有效利用热量，加热速度比传统的清洗机提高了 3~5 倍。另外，采用主动力 15kW 西门子电机驱动，匹配工业级陶瓷柱塞泵进行增压，温度为 90~155℃（可调），压力为 20MPa（可调），喷水量为 0~1.0 m^3/h，来满足平台清洗要求。同时配有压力调节阀、温度调节器、清洗剂调节器、安全阀、抗震充油工业压力表、燃油过滤器及燃油油量指示，随时监测清洗机的工作状态。其性能参数见表 4。清洗机还可以清水、纯蒸汽和汽水混合三种方式同时使用，极大地方便了现场各种工况的不同需求。

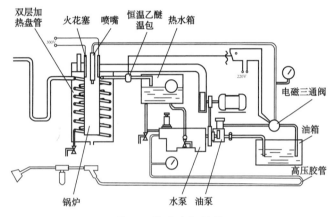

图 17　热清洗机结构

表 4　热清洗机性能参数

组成		技术参数		备注
加热部分	燃烧炉	喷水温度	155℃（热水、蒸汽）	可调
	48m 耐腐双层不锈钢盘管			
增压部分	15kW 西门子电机	喷水压力	20MPa	可调
	陶瓷柱塞泵			
点火燃烧部分	点火燃烧器	喷水量	1.0m³/h	
	燃油泵			
	燃油罐			

（3）过滤器

水质是整个装置满足正常运行状态的关键。移动式环保平台清洗装置正常工作对水质要求较高的部件是热清洗机。在热清洗机进水前的管道中设有水过滤器，可对杂质起到过滤作用，对热清洗机起到保护作用。

水过滤器的选择至关重要。通过调研油田专用热洗车的水过滤器，结合表5和表6可得，水过滤器出水口即热清洗机进水口允许的最大颗粒粒径为74μm，二级精密过滤设备只要能达到过滤74μm大小或更小颗粒的杂质就可满足要求。因此，水过滤器选用SB14型直通平底篮式过滤器（见图18）。

（4）管线

管线指连接水箱、热清洗机和过滤器等设备的管道，将各部件串联起来，建立一个完整的液体流动系统，用于传送热洗液体。

表 5　油田热洗车水过滤器参数

产品型号	SL-100	SL-200	SL-300	SL-300S	SL-400	SL-400S	SL-400F	SL-700
底座	铝合金	铝合金	铝合金	铝合金	铝合金	铝合金	铝合金	铝合金
滤筒	聚碳酸酯	聚碳酸酯	不锈钢	不锈钢	聚碳酸酯	聚碳酸酯	不锈钢	聚碳酸酯
滤芯	不锈钢材质常用过滤精度 100 目、150 目、200 目、300 目							
进水口螺纹	G1"	G1½"	φ50	φ50	φ50	φ50	φ50	φ56
出水口螺纹	G1/2"×2	G1½"	φ50	φ50	φ50	φ50	φ50	φ56
流量/(L/min)	≤100	≤200	≤300	≤300	≤400	≤400	≤400	≤700
工作耐压/MPa	≤0.8	≤0.8	≤0.8	≤0.8	≤0.8	≤0.8	≤0.8	≤0.8
连接方式	螺纹	螺纹	法兰	法兰	法兰	法兰	法兰	法兰
工作介质	水、海水、低腐蚀性流体接触角 θ <90°							

注：1. 严格按进出水方向安装；

2. 对于不同水质和工况，必须确定排放污水的次数和时间以及清洗和更换滤芯的周期；

3. S 表示带滤网防堵塞提醒。

表 6 油田热洗车水过滤器过滤目数与过滤精度对照表

目数	过滤精度/μm	目数	过滤精度/μm	目数	过滤精度/μm	目数	过滤精度/μm
5	3900	50	297	270	53	1300	11
10	2000	60	250	325	44	1600	10
16	1190	80	178	400	38	1800	8
20	840	100	150	460	30	2000	6.5
25	710	120	124	540	26	2500	5.5
30	590	14	104	650	21	3000	5
35	500	170	89	800	19	3500	4.5
40	420	200	74	900	15	4000	3.4
45	350	230	61	1100	13	5000	2.7

注：过滤网的目数指每平方英寸（1平方英寸=6.45cm²）面积上的网格数。

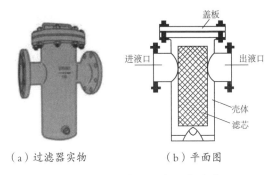

（a）过滤器实物　　　（b）平面图

图 18　SB14 型直通平底篮式过滤器

2. 吸污单元

吸污单元主要由污水箱、工业真空泵和外污泵等组成，形成高度集成的吸油机。

（1）污水箱

污水箱采用 L 形设计，内含积尘筒，积尘筒设计有固液分离器，方便颗粒物与油渍废液分开。

（2）工业真空泵

无碳刷高压旋片式真空泵采用双频（50Hz/60Hz）、NSK 轴承及宽电压的设计，以提高风机的可靠性和使用寿命，并且支持连续工作，吸力

达到 –530mbar（1bar=100Pa）。

（3）外污泵

选用凸轮泵的型号为 LQ3A–10，功率为 1.5kW，凸轮外污泵示意如图 19 所示。

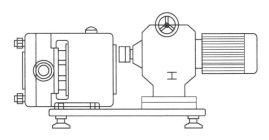

（a）凸轮外污泵正视视角

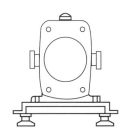

（b）凸轮外污泵左视视角

图 19　凸轮外污泵示意

　　吸污单元具有防爆级别高、整机密封、负压吸污和固液分离等功能，适用于油田野外作业环境中岩屑、油和乳化液的回吸。吸油机性能参数如表 7 所示。

表 7　吸油机性能参数

组成	技术参数		备注
工业真空泵	电压 / 功率	380V/7.5kW	
	风量	528m³/h	
	吸力	−530mbar	
污水箱 （含集尘筒）	集尘筒容积	350L	
	体积	900L	
	形状结构	L 形设计	
外污泵	电压 / 功率	380V/1.5kW	

3. 油水分离单元

　　油水分离单元主要采用一级斜板重力和聚结分离、二级纤维滤器分离、三级超滤膜渗透分离等原理，使含油污水达到回用标准，其结构包括经型式认可的水分离器、报警装置以及自动关停装置。

（1）工艺原理

污水罐中的污水达到一定液面后，在定量泵的抽吸作用下进入一级分离器。一级分离器内部为真空负压状态，避免了以往压力状态造成含油舱底水的搅动乳化导致难以分离的问题。定量泵排出液经过二级纤维滤器吸附、过滤处理，再进入三级超滤，使之达到回用标准。报警装置用来测量排放液的油分浓度，如果发现测量排放液的油分浓度超标，二级会自动转向三级处理。经过三级处理后，如排放液的油分浓度超标，报警装置就会报警，令排放气动三通阀 VS6 自动转驳，使不合格的水排至舱底而不排向舷外。油水分离器技术参数见表 8。

表 8　油水分离器技术参数

电源	AC380V/50Hz、φ3
定量泵电机功率 /kW	0.37

电加热器功率 /kW	3
额定处理量 / (m³/h)	0.25
排放油液分含量 / (mg/kg)	≥ 15
外形尺寸 /mm	1000 × 600 × 1250

（2）系统流程

污水箱油污水经由底阀、止回阀 V1，进入一级分离器，分离器顶部设有集油室，油污水中的大部分油由于比重小，上浮至分离器集油室顶部，细油滴在亲水疏油材料上，在斜板内聚结，形成"逆向—同向"分级上浮；水从底部排水口流至定量泵吸入口，其间有气动阀 VS3，当定量泵运转时，VS3 阀自动打开，冲洗水阀 VS2 自动关闭。

当油在一级分离器顶部积聚到一定数量时，油位升高，油水界面计发出信号，气动阀 VS1、冲洗水阀 VS2 自动打开，气动阀 VS3 自动关闭，此时定量泵不工作。反冲水（清水）从底部进入一级分离器，顶起的浮油通过气动阀 VS1 排出至污油柜（VS1 为常闭气动阀）。排油完毕后自动复位，继续处理油污水。经一级滤器处理过的油污水，进入二级滤器进行再次处理后排放至舷外。如果排放水含油超标，气动三通阀 VS4 会自动转向三级处理，使超标水进入三级超滤进一步处理。三级超滤采用渗透原理，滤过液经出口球阀 V3、止回阀 V5、流量计、气动三通阀 VS6、手动三通阀 V7，最后进入通海阀。三级超滤进口的进入液浓缩后由 V6 阀排出至污水箱。超滤的产水回收率 η 等于产水量除以进水量，即 $\eta = Q_c/Q \times 100\%$。该装置回收率调定在 $\eta = 80\%$。回收率不宜太高，否则浓缩液太浓会产生浓度极化现象，影响膜的寿命。

三级超滤膜需要保持在水中，出厂前膜内已充满保养液，并将 V3、V4、V6、V8 阀关闭。在开箱安装时不要打开这几个阀，直至注水运行时方可打开 V3、V6 阀，启动装置前打开 V4、V8 阀。

　　该装置采用电加热器来加热，使集油室内温度达到 20~40℃。由电接点温度计控制电加热器的通断。温度对排油特别是在有比重较大的渣油的情况下非常重要，有利于分离器提高分离效率和减少堵塞的可能性。二级纤维滤器、三级超滤分别安装压差表，用于测量进出口压差。一级分离器上的真空压力表用来观察筒内的真空压力和保护定量泵的安全运行。污水箱水报警装置会自动取样监测排放液中的含油量。排放液含油量超标时，污水箱水报警装置会发出警报，同时污水箱水报警装置会使气动三通阀 VS6 自动转向污水箱管路，使不合格的水返回污水箱，并发出报警信号至集控室；排放液含油量合格时，气动三通阀 VS6 自动转向合格管路，使合格水排放至清水箱管路。

　　系统需要连接的工艺流程管系包括排油口至废油箱管系和回污水箱管系，清水接入管系、装置排泥至污水箱管系、合格水排至清水箱管系。

初次运行前，需要对各容器和管系注水。注水时将电气控制箱上的排油、反冲、注水这 3 个转换开关切换至"自动"模式，使 VS1、VS2 阀打开，水从一级分离器底部进入，然后由下而上，经排泥阀 V2、试水阀 C2、放气旋塞 C1 可逐渐向上，直到注水已到了某一个部位、有水流出时就把该处阀关紧。当水位到达位置时，VS1、VS2 阀会自动关闭。

（3）电气连接

电源 AC380V/440V、ϕ 3、50Hz/60Hz 接入电气控制箱、污水箱液位电极。出厂时，探测舱底水液位，继电器 JYB 外接触点 #15、#5 或 #6 预先短接，如需连接舱底液位电极，则应去除短接铜线。

（4）装置清洗

一级分离器内的斜板分离器需要清理时，用

清水反冲。此时将电气控制箱上的排油、反冲、注水这3个转换开关转向"手动"模式，将船上污油柜上的排油阀关闭，反冲回流阀打开，让清水从VS2阀进入底部，从顶部VS1阀排出，让水回流至舱底；打开底部排泥阀时，可清理分离器底部垃圾。根据受污染情况，每6个月进行一次，每次反冲15min。

二级滤器更换滤芯。从一级、二级压力表上可以看到，如果二级滤器进出口压差大于100kPa，说明堵塞严重，这时需要停机，排出二级滤器内的液体，打开上盖，将堵塞的滤芯取出，更换新的相同规格的滤芯，再盖上顶盖，一般4~6个月更换一次。更换滤芯如图20所示。

三级超滤也可以从二级压力表判断其是否堵塞，跨膜压力大于0.1MPa时，应清洗或更换滤芯。

清洗装置的清扫配件系统主要包括盘管器、耐高温高压软管、透明钢丝软管、清洗枪和吸污

（a）二级过滤器安装上盖状态　（b）二级过滤器打开上盖状态

图 20　更换二级过滤器的滤芯

工具头等。

（1）盘管器可缠绕通径 DN20、长度 50m 的清洗管线，如图 21 所示。

（a）盘管器　　　（b）盘管器缠绕清洗管线

图 21　盘管器和清洗管线

（2）配50m的耐高温高压软管，如图22所示。

图22　耐高温高压软管

（3）配加长的热水枪一把，如图23所示。

图23　配套清洗热水枪

（4）配加吸污工具头，如图24所示。

（a）50 口径扁吸嘴

（b）塑胶吸嘴

（c）50 口径吸水扒

图24　配套吸污工具头

4. 气路单元

装置主要应用于油田野外作业环境，冬季气温普遍偏低，流程管线容易被冻坏。因此，用一台小型静音空压机提供气源，有两个作用：一是把作业后管路中剩余的水清出去，防止冬天管路冻坏；二是为油水分离器提供控制气。

5. 操作控制系统

移动式环保平台清洗装置控制系统包括防爆配电箱、电路控制元件、线路，完成各单元的电路控制主要由保护设备、电源设备、输入设备、输出设备和控制器组成。

三、实施效果

一是高温高压清洗，清水通过加热增压后可直接冲洗环保平台，冲洗功能有四档流量可调。二是废液回收，将清洗作业中产生的废液从环保平台上实时回收。三是油水分离，通过油水分离器进行分离过滤，过滤后的清水通过管线进入清水箱重复使用，处理后的油污集中装袋收集。

（1）移动式环保平台清洗装置可将软体平台清洗干净（见图25），清洗整块环保平台用时约为1.2h，用水量为1.5m³，清洗温度为155℃、压力为12~20MPa，吸力为–530mbar。

（2）移动式环保平台清洗装置将50m外的清洗后的油水、残渣吸入储罐（见图26），最大颗粒直径为20mm。

图25　软体平台清洗前后对比

图26　清洗装置将油水、残渣吸入储罐

（3）污水回收后，可进行分离处理，处理后的固体物质可进行装袋处理，液体中的水处理后可重复使用。

第五讲

修井现场井下返排废液回收处理再利用技术

一、问题描述

利用液压集液操作台、钢制平台和软体平台收集的废液，通常需要人工回收至井场大罐，费时费力（见图 27）。在修井冲砂洗井施工过程中，现用的循环沉降大罐虽然可以满足常规冲砂集液要求，但在使用过程中，存在补给冲砂液需要用电，操作人员需进罐清理沉砂、上罐取样等众多不安全因素。同时还存在冲砂液循环沉降不彻底、返排液利用率低等缺点。

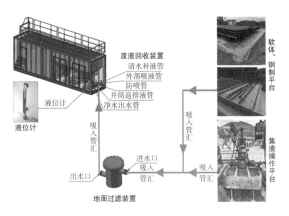

图 27　井下返排废液井场回收处理流程

二、解决措施

针对以上问题，提出修井返出液"负压回收—就地处理回用—进集输流程"的带罐作业模式，减轻末端处理压力。

负压回收：出井液负压自吸进罐，修井返出液循环进罐。

就地处理回用：沉砂除油处理后循环回用，最终进集输流程。

井下返排废液负压回收处理装置（见图 28）主要由动力源、沉降舱、过滤器、除渣装置及储液箱体组成，具有负压回收、分离处理和自动除渣等三大功能。该装置采用外置气控装置为动力源，通过气动隔膜泵形成负压，实现对高黏度或带颗粒液体自吸进罐和油水外排，并应用成熟的"沉降＋气浮＋过滤（核桃壳）"三级处理工艺，并融合除砂器自动排泥排砂，降低了操作人员的劳动强度。

图 28 井下返排废液负压回收处理装置

1. 动力源

动力源主要由气动隔膜泵（见图 29）、螺杆空压机和储气罐（见图 30）组成，为作业废液回收处理装置提供气体动力，由气动隔膜泵对罐内、罐外液体进行吸收循环。螺杆空压机由三相异步电机带动，将空气压缩至储气罐内，为装置提供源源不断的动力。这些动力源逐步取代用电设备，杜绝各种安全风险。动力源和气动隔膜泵的主要配置参数如表 9、表 10 所示。

图 29　气动隔膜泵

图 30　螺杆空压机和储气罐

表 9 动力源主要配置参数

序号	名称	规格及性能参数	备注
1	压缩介质	空气	
2	螺杆空压机功率	55 kW	
3	噪声	73dB±2dB	
4	转速	2930r/min	
5	排气量	9.69m³/min	
6	储气罐容积	1.0m³	
7	储气罐压力	1.35MPa	
8	储气罐工作介质	空气、氮气	

表 10 气动隔膜泵主要配置参数

序号	名称	规格及性能参数	备注
1	流量	24m³/h	
2	最大扬程	50mH₂O	
3	垂直吸程	7mH₂O	
4	最大允许通过颗粒直径	9.5mm	
5	最大供气压力	0.7 MPa	
6	最大供气消耗量	0.9m³/h	

（1mH_2O=9.8kPa）

2. 沉降舱

沉降舱（见图 31）主要由漏斗形舱室组成，前后共两个，最大储存量均为 $6m^3$。沉降舱下部与除渣器相连，主要用于对气动隔膜泵吸入液体进行沉降分离，对沉降的固体起到暂存和方便处理的作用（见图 32）。

图 31　沉降舱

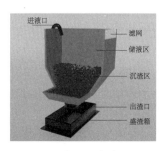

图 32　沉降舱局部半剖结构

3. 过滤器

过滤器（见图 33）设置三次过滤，1 号过滤器为粗过滤，主要过滤砂石；2 号过滤器为细过滤，主要过滤较大的石头和杂质；进入清水箱前进行精细过滤，主要过滤 15 目以上的细砂和杂质。通过三次过滤，使固液进一步得到分离。

图 33　过滤器

4. 除渣装置

除渣装置（见图 34）主要由气动马达、绞砂器及出砂口组成。气动马达带动绞砂器，将沉降舱内的固体绞出，操作人员在出砂口使用容器直接收集固体，人不用进罐，降低了操作人员的劳动强度。气动马达主要配置参数如表 11 所示。

图 34　除渣装置

表 11　气动马达主要配置参数

序号	名称	规格及性能参数	备注
1	功率	4.0kW	
2	额定转速	2000r/min	
3	额定扭矩	19.1N·m	
4	工作气压	0.63 MPa	
5	耗气量	90L/s	
6	进气通径	20mm	

5. 储液箱体

储液箱体由 5.2 m³ 的油水分离器、11.8m³ 的清水箱和 0.5m³ 的接油箱组成（见图 35），用于盛放沉降过滤后的液体和存放分离出来的原油。

图 35　油水分离器及接油箱

井下返排废液回收处理工艺流程为：①利用气动隔膜泵自吸功能，井场及井内液体从进液口进入沉砂舱，进行固液分离；②液体经过沉砂舱粗过滤后，进入沉泥舱，进一步固液分离；③经过沉泥舱细过滤后的液体进入油水分离舱，进行油水分离，油进入下部的接油箱，水进入净水舱；④进入净水舱的清水，通过下部管线由出液口与水泥车连接，实现循环再利用（见图 36）。井下返排废液处理装置技术参数如表 12 所示。

表 12　井下返排废液处理装置技术参数

序号	名称	性能参数
1	流量	24m³/h
2	最大扬程	50mH₂O
3	垂直吸程	7mH₂O
4	最大允许通过颗粒直径	9.5mm
5	最大供气压力	0.7 MPa

返出液回收处理后悬浮物质量浓度小于 30mg/L、含油量小于 20mg/L，达到洗井回用指标要求，实现返出液源头减量化。

三、实施效果

利用液压升降井口集液操作台、油管钢制平台、软体平台收集后的废液，通过流程管线和废

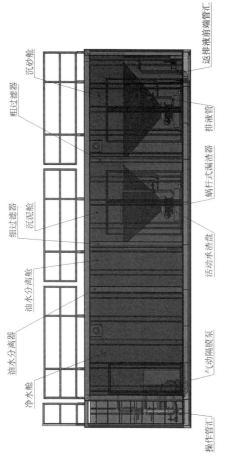

图 36 井下返排废液回收处理装置结构

液回收装置内置气动隔膜泵，自吸依次进入装置的沉砂舱、沉泥舱、油水分离舱，最后进入净水舱，通过对现场废液的收集、沉降和过滤，实现油、水、气及固体砂粒的有效分离。经分离的泥和砂用气动出砂器排出，解决了使用电带来的安全风险。多级沉降提高了液体的利用率。清砂作业实现人不进罐操作，节省了人力，规避了人员进入有限空间带来的风险。

井下返排废液回收处理装置适用于修井现场废液回收作业，实现循环液体的自动沉降与分离，通过地面管线密闭连接实现液体的定向自动排放与收集，液体进入气动隔膜泵废液回收装置。该装置实现修井现场清洁作业流程化，达到让流程"干活"的效果，降低操作人员的劳动强度。

第六讲

修井现场井下管杆井筒密闭
清洗技术

一、问题描述

起油杆时，操作人员频繁使用钢丝绳、皮带等辅助工具对油杆进行刮蜡，员工劳动强度大，开放式作业环保隐患大，清理井口油污费时费力；地面刺洗油管时，污油、污水、蜡的清理难度大。

二、解决措施

管杆井筒密闭清洗技术是国内近年来的主体清洁作业技术之一。在井下作业起油杆、油管的过程中，利用清洗回收设备提供高温高压清洗介质，通过专用清洗井口和配套工具建立循环清洗回收通道，对油杆、油管内外壁进行在线清洗，同时产生的作业液体被回收装置实时回收或进入井筒内，实现油杆、油管表面清洗，作业液体和出井液不落地回收，达到清洁作业的目的（见图 37）。

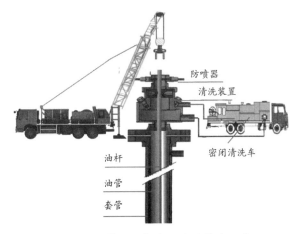

图 37　油管、油杆密闭清洗技术示意

　　与东部油田相比，长庆油田在采油井口、采油管柱和储层特点等方面均存在差异。长庆油田采用 150 型简易采油井口（见图 38），为上悬挂方式，单翼放喷出口，生产管柱安装了泄油器。此外，因低压储层地层压力保持水平普遍较低，存在采油漏失现象（见图 39），并且部分井严重结蜡、气油比高。可见这种井筒密闭清洗工艺及配套工具不完全适应油田清洁作业的需要。因此，通过现场调试与持续改进，研究出适合长庆油田低压储层的"热水喷射清洗油杆＋蒸汽分段清洗油管"的密闭清洗技术模式，具体包括密闭清洗回收设备、油杆密闭清洗回收配套设备、油管密闭清洗回收配套设备和其他配套专用工具。

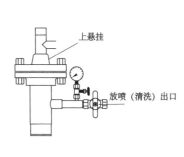

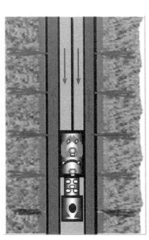

图 38　长庆油田 150 型简易采　　图 39　低压储层漏失示意
　　　　油井口

1. 密闭清洗回收设备

密闭清洗回收设备是针对油管、油杆密闭在

线清洗需求而开发的一种集高温高压清洗及废液回收处理作业于一体的车载设备（见图40）。该设备装载在二类底盘车上，由柴油发电机组作为动力系统，前部安装蒸汽冷凝回收泵、污油处理罐（含集油箱）、离心真空泵、旋流除油器，后部安装清水罐、补水泵、特种蒸汽锅炉（含燃烧器）和耐高温柱塞泵，柱塞泵上部由高压胶管卷筒、低压胶管卷筒等组成。发电机组和燃烧器的燃料均来自底盘车的柴油罐。

密闭清洗回收设备工艺流程如图41所示。在修井作业起油杆、油管过程中，密闭清洗回收设备以柴油发电机组和燃烧器作为整机的动力源，清水罐的水经补水泵进入特种蒸汽锅炉加热（水温升至100℃以上），再进入耐高温柱塞泵增压，通过高压软管输送给井口清洗装置，利用汽—水混合介质进行高温高压双重作用冲蚀，溶解油杆、油管表面的蜡垢。在冷凝回收泵的条件下，

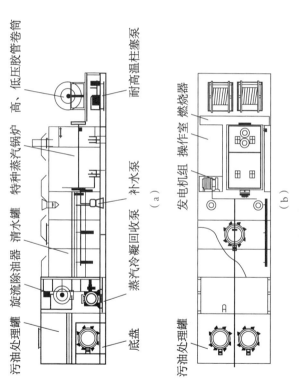

图 40 密闭清洗回收设备结构

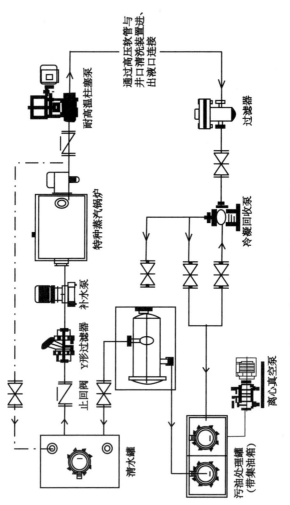

图 41　密闭清洗回收设备工艺流程

井口清洗装置中返出的废液通过低压软管被吸入污油处理罐中，经过斜板进行气、油、水初级分离。当污油处理罐液位达到一定数值时，启动冷凝回收泵将污水压入旋流除油器中进行油、水二次分离，分离后的油进入污油处理罐的集油箱，再将水回接至清水罐进行重复利用，从而实现油杆、油管同步清洗和作业废液实时回收处理。

2. 油杆密闭清洗回收配套设备

起油杆作业时，利用多功能密闭清洗回收设备提供带压热水介质，通过油杆清洗井口建立循环通道，对油杆进行在线喷射清洗，同时对产生的作业液体和出井液进行实时回收处理（见图42）。油杆清洗装置技术规格如表13所示。

油杆清洗装置主要通过喷嘴喷射出的高压水流对油杆进行冲洗，喷嘴的喷射角度对喷射效果至关重要。通过三维模拟软件对油杆清洗装置喷射角度进行优化，经过多次模拟后，最终设计喷

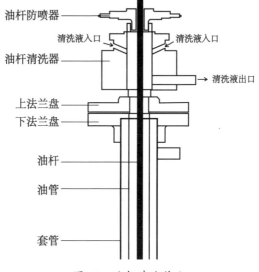

图 42　油杆清洗作业

表 13　油杆清洗装置技术规格

执行标准	API Spec 6A	性能级别	PR1
额定温度级别	PU	材料级别	AA
规范级别	PSL1	下端扣型	$2\,{}^{7}/_{8}$TBG
高度	502mm	公称通径	14mm

嘴向下倾斜6°、水平角度倾斜5°（见图43），喷嘴喷射出的水流形成旋涡射流的效果，提高了清洗效果，更好地对油杆进行清洗（见图44）。

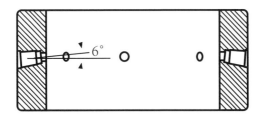

（a）喷嘴向下倾斜6°

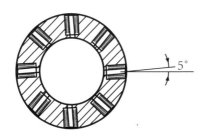

（b）喷嘴水平角度倾斜5°

图43　油杆清洗装置喷嘴角度示意

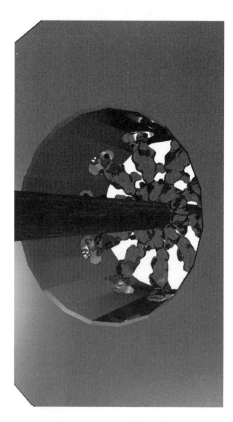

图 44 油杆清洗装置作业状态三维模拟

3. 油管密闭清洗回收配套设备

泄油器打开后，利用多功能密闭清洗回收设备提供蒸汽—热水混合介质，首先连接注入端，从油管内注入蒸汽—热水分段蒸洗油管内壁，一段时间后，再通过油管清洗井口，建立循环通道，对油管外壁进行在线蒸汽—热水喷射清洗，并结合负压实时回收作业介质和出井液（见图 45）。油管清洗装置技术规格如表 14 所示。

表 14 油管清洗装置技术规格

执行标准	API Spec 6A	性能级别	PR1
高 度	545mm	材料级别	AA
规范级别	PSL1	公称通径	70mm

与油杆清洗装置相同，油管清洗装置也需要对喷嘴进行优化设计，因为油管比油杆外径大很多，需要对角度进行重新调整。通过三维模拟软件对油管清洗装置喷射角度进行优化，设计喷嘴向下倾斜 6°、水平角度倾斜 15°。喷嘴喷射出的

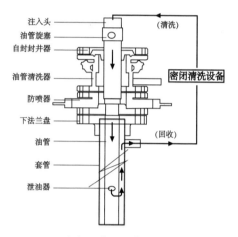

（a）油管内壁清洗作业

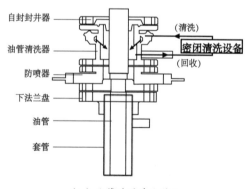

（b）油管外壁清洗作业

图45 油管内壁、外壁清洗作业

水流形成旋涡射流的效果，与边缘形成一定的切角，提高了清洗效果，更好地对油杆进行清洗。

4. 其他配套专用工具

（1）旋流喷射清洗井口装置

旋流喷射清洗井口装置装有 10 只旋流喷射水嘴，通过泵入高压水，产生高压旋流喷射清洗油管。另外，清洗井口装置上的环形密封胶芯也可以用来清洁油管上的油污及其他污垢，达到二次清理作用。密封胶芯的密封尺寸范围为73~95mm。该装置安装在原来采油井口的油管头四通上法兰即可（见图46）。

压力清洗液从清洗液入口进入井口环形空间，再分配到各个喷射水嘴，在向下倾斜6°、水平角度倾斜15°喷射的水嘴节流压差作用下产生高压旋流喷射（见图47、图48），达到清洗油管外壁的目的，清洗后的污水通过液体排出口进行回收（见图49）。

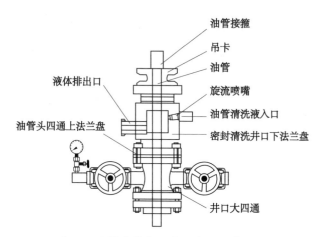

油管接箍

吊卡

油管

旋流喷嘴

液体排出口

油管清洗液入口

油管头四通上法兰盘

密封清洗井口下法兰盘

井口大四通

图 46 油管井筒密闭清洗装置安装示意

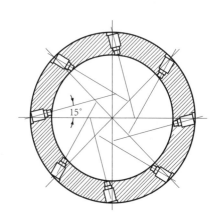

图 47 油管清洗装置喷嘴水平角度示意

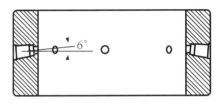

图 48　油管清洗装置喷嘴垂直角度示意

图 49　油管清洗装置实物

　　油杆的清洗原理与油管的清洗原理相同，两种清洗器的区别在于所使用的密封胶芯规格不同，油杆密封胶芯的密封尺寸范围为 15~56mm（见图 50、图 51）。

图 50 油杆清洗装置实物

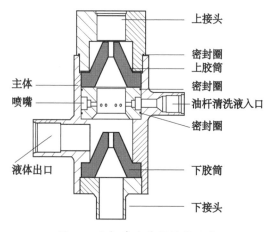

图 51 油杆清洗装置结构示意

（2）泄油器

修井时起出油杆及柱塞，向油管内投一根油杆，油杆的冲击力作用在泄油器滑套上，撞击力剪切滑套销钉，打开泄液孔与套管连通。如果投杆撞击未能打开，可在地面井口向油管打压，泄油器滑套设计了一小面积差，打压即可打开滑套，打开压力为10MPa，可起出油管检泵作业。泄油器结构与油井清洗泄油阀技术规格分别如图52和表15所示。

原有清洗泄油阀改进后，具有机械和液压两种组合泄流通道开启方式。设计可以通过投杆或地面直接打压的方式开启油井清洗泄油阀。投杆开启（见图53）在需要开启时可在地面向井内投油杆短节，油杆短节落入清洗泄油阀滑套芯子上，由于油杆的冲击力将泄油阀上的空心销剪断，同时滑套芯子下行，打开泄油通道，油管内的原油泄入油套环空。设计投杆开启撞击力为80N。

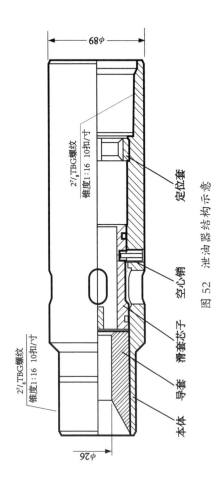

图 52　泄油器结构示意

表 15　油井清洗泄油阀技术规格

长度 /mm	335	最大外径 /mm	89	泄油面积 /mm²	530
启动压差 /MPa	10	开启成功率 /%	98	工作温度 /℃	120
连接扣型	2⁷/₈ TBG	开启方式		投杆机械开启	
空心销钉剪切直径 / mm	6.5			井口打压液压开启	

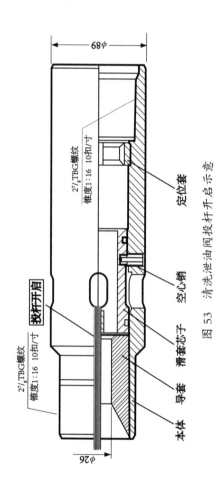

图 53　清洗泄油阀投杆开启示意

　　清洗泄油阀还有打压开启的方式。自地面直接打压，当地面压力为 8~12MPa 时，因泄油阀阀芯上下存在面积差，泄油阀空心销钉被剪断，阀芯下行，泄油阀开启，油套连通（见图 54）。

　　油井清洗泄油阀安装在抽油泵下端、单向阀上端，泵抽液体经清洗泄油阀进入泵内，清洗泄油阀过流通道过小会影响泵抽，最小过流面积不能小于 $200mm^2$。该泄油阀最小过流通道处为导套内径，设计导套内径 $\phi 26mm$，最小过流面积约为 $530mm^2$，满足设计要求（见图 55）。

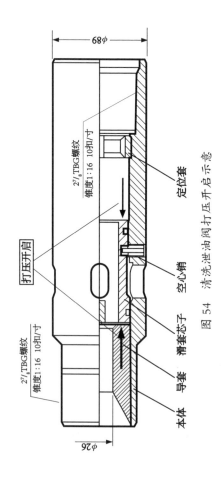

图 54　清洗泄油阀打压开启示意

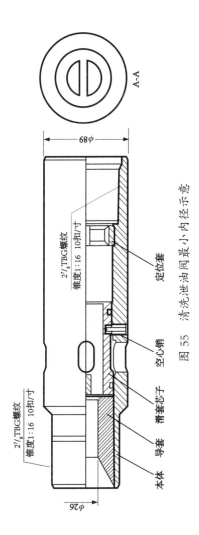

图 55　清洗泄油阀最小内径示意

三、实施效果

结合长庆区域油井低压工况特点，提出了以"井口短循环高压热水射流清洗外壁＋高温蒸汽清洗内壁"为核心的杆管井筒密闭清洗工艺，研发了集高温高压清洗、液体负压回收处理于一体的多功能环保清洗回收车，研制了具有动密封和喷射功能的密闭清洗专用井口，配套了液压和机械双作用开启方式的复合防喷清洗阀，实现了井液全程不落地闭环控制，可替代传统油杆、油管地面蒸汽清洗模式，从源头削减了油泥的产生。

后 记

油田开发污染危害大，是我国主要的环境污染源之一，油田污染防治问题备受国人关注。为实现油田持续稳产和二次加快发展的战略目标，长庆油田的措施井口数每年在不断增加，每口措施井产生的废液在200m³左右，如果不加以控制，将对环境造成极大的破坏。

我通过与其他油田兄弟单位调研、学习和交流发现，由于使用设备不同，部分油田在井下作业井口处有操作平台，只需在平台下加装收污伞，即可避免井口处的污染问题；井场油管、油杆清理则通过拉至指定处理点进行集中处理，规避了井场的污染问题。而长庆油田修井队伍受设备所限，无法安装操作平台，并且将油管、油杆拉运至指定处理点处理并不现实。

我带领创新团队深入一线生产现场，立足"井筒控制、地面收集、流程回收、处理再用"的总体思路，经过 6 年的潜心探索，不断总结完善油井井下作业清洁生产技术体系，先后自主研制多功能井口集液操作台、油管钢制平台、废液回收处理再利用装置等新型清洁生产设备，在长庆油田累计推广应用 6.9 万井次，减少防渗布使用量 0.63 万 t，减少油泥产出量 1.85 万 t，减少废液产出量 1.99 万 m³，节约成本 1.3 亿元，有效地减少了修井现场废液和固废污染物的产生，实现经济效益与环境保护互利共赢，为践行"绿水青山就是金山银山"理念画上了浓墨重彩的一笔。

杨义兴

2024 年 6 月

图书在版编目（CIP）数据

杨义兴工作法：油田修井现场清洁生产技术应用 /
杨义兴著. -- 北京：中国工人出版社，2024. 7.

ISBN 978-7-5008-8475-0

Ⅰ. TE358

中国国家版本馆CIP数据核字第2024SS4081号

杨义兴工作法：油田修井现场清洁生产技术应用

出 版 人	董　宽	
责 任 编 辑	孟　阳	
责 任 校 对	张　彦	
责 任 印 制	栾征宇	
出 版 发 行	中国工人出版社	
地　　　址	北京市东城区鼓楼外大街45号　邮编：100120	
网　　　址	http://www.wp-china.com	
电　　　话	（010）62005043（总编室）	
	（010）62005039（印制管理中心）	
	（010）62379038（职工教育编辑室）	
发 行 热 线	（010）82029051　62383056	
经　　　销	各地书店	
印　　　刷	北京市密东印刷有限公司	
开　　　本	787毫米×1092毫米　1/32	
印　　　张	3.75	
字　　　数	45千字	
版　　　次	2024年8月第1版　2024年8月第1次印刷	
定　　　价	28.00元	

本书如有破损、缺页、装订错误，请与本社印制管理中心联系更换

优秀技术工人百工百法丛书

第一辑　机械冶金建材卷

优秀技术工人百工百法丛书

第二辑 海员建设卷